I0065702

HILFSTABELLEN ZUM RASCHEN ENTWURF
VON
SCHIFFSRISSEN

Von

Ing. C. Lazarus

Mit 3 Abbildungen und 1 Tafel

München und Berlin 1922
Druck und Verlag von R. Oldenbourg

Vorwort.

Die vorliegenden Tabellen sollen dem Schiffbauer ein Hilfsmittel zur Vereinfachung des Entwurfes von Schiffslinien sein. Hieraus folgt, daß theoretische Kenntnis vorausgesetzt werden muß.

Die Tabellen habe ich mir während meiner Praxis in englischen Werften zusammengestellt und waren dieselben bereits im Jahre 1910 in vereinzelten englischen Betrieben, wie z. B. der Fairfields Shipbuilding Co., Glasgow, in praktischer Verwendung.

Von England zurückgekehrt, sprach ich mit meinem geschätzten Kollegen Max H. Bauer (Berlin) über Methoden zum schnellen Entwurfe von Schiffslinien. Hierbei stellte sich heraus, daß Ing. Bauer diese Lücke in der Schiffbauliteratur bereits im Jahre 1903 durch eine kleine Veröffentlichung ähnlichen Zweckes (M. H. Bauer, Schiffbau-Ingenieur, »Hilfsmittel zur Konstruktion und Berechnung von Schiffslinien«, Berlin 1903, M. Driesner) auszufüllen bestrebt war. Im Oktober 1912 übersandte mir dann Ing. Bauer ein Exemplar seines Werkes. Wenn ich trotzdem an die Veröffentlichung meiner »Tabellen« schreite, so geschieht dies aus dem Grunde, weil ich glaube, daß sie nicht unwesentlich von den Bauerschen abweichen und eine Ergänzung derselben bilden können.

Durch den Weltkrieg und die Ereignisse der Nachkriegszeit wurde mir die Veröffentlichung erst heute möglich.

Wien, im Oktober 1921.

Ing. Victor C. Lazarus.

Tabellen
zur
Konstruktion von Schiffsrissen.

Instruktionen.

1. Hauptabmessungen.

Die hauptsächlichen Abmessungen sind: Länge, Breite, Seitenhöhe, Tauchung, Wasserverdrängung, Längsauftriebszentrum, sowie
Strakhöhen, Bug- und Heckformen.

2. Linienrisse.

Die Risse werden gewöhnlich in drei Projektionen dargestellt,
und zwar: Schnitte, Wasserlinien und Spantrisse. Die Schnitte
liegen in parallelen Ebenen zur Längssymmetrieebene des Schiffes,
die Wasserlinien in solchen // zum Schiffboden und die Spantrisse
in Ebenen ⊥ zur Längssymmetrieebene des Schiffes.

3. Länge für die Deplacementbestimmung.

In der Regel gilt als »Konstruktionslänge« die Länge des Schiffes
in der Konstruktionswasserlinie KWL. Wenn das Schiff unterhalb
der KWL Vorsprünge, wie z. B. eine Ramme, hat, ist die Länge so zu
bemessen, daß die äußersten Enden dieser Vorsprünge mit berücksichtigt
werden.

4. Spanten.

Es werden elf Spantorte angenommen, von denen die äußersten
mit den Enden des Schiffes zusammenfallen. Die Länge wird demnach
in zehn gleiche Teile unterteilt und gibt die Tabelle Nr. II die Flächeninhalte für eine beliebige Anzahl von interpolierten Spanten.

5. Gebräuchliche Koeffizienten.

a) Blockkoeffizient $C_s = \dfrac{\triangle}{L \cdot B \cdot d}$.

Anmerkung. Bei Eisenschiffen beträgt die Verdrängung der Haut im
Mittel zirka 6 t auf 1000 t Schiffsdeplacement ($= \triangle$).

$L = $ Länge, $B = $ Breite auf Außenkante Hauptspant, $d = $ Tauchung
beladen, $\triangle = $ eingetauchtes Volumen.

b) Hauptspantkoeffizient $C_{|} = \dfrac{(\circledast)}{B \cdot d}$.

Anmerkung. Die eingetauchte Hauptspantfläche $= (\circledast)$ wird einerseits begrenzt durch die Außenkanten Spant, anderseits durch Kieloberkante und *KWL*.

c) Zylindrischer Koeffizient $C_{z} = \dfrac{C_{n}}{C_{\circledast}}$.

d) Endspantenkoeffizient $= \dfrac{\text{Endspantfläche}[1]}{(\circledast)}$.

6. Bestimmung der Koeffizienten.

Blockkoeffizient: Derselbe wird, wie unter 5. beschrieben, gefunden.

Hauptspant- und zylindrischer Koeffizient: Diese werden nach folgenden Formeln ermittelt:

$$\frac{C_{n}}{C_{\circledast}} = C_{z} \quad \text{oder} \quad \frac{C_{n}}{C_{z}} = C_{\circledast}.$$

Anmerkung. Bei gut entworfenen Schiffen beliebigen Typs soll der zylindrische Koeffizient nie kleiner als 0,56 sein. Dieser Wert begrenzt bereits den Hauptspant- und den zylindrischen Koeffizienten bei schlanken Schiffen, bei welchen der $C_{n} = 0{,}40$ und darunter ist. Bei völligeren Schiffen können diese Koeffizienten mit Rücksicht auf gefällige Form geändert werden, etwa nach folgender Tabelle:

Tabelle I.

C_{n}	$C_{\circledast}$	C_{z}
0,35	0,625	0,56
0,40	0,714	0,56
0,45	0,789	0,57
0,50	0,862	0,58
0,55	0,917	0,60
0,60	0,938	0,64
0,65	0,948	0,685
0,70	0,965	0,725
0,75	0,970	0,743
0,80	0,975	0,82

Endspantkoeffizienten: Diese werden durch Tabelle II bestimmt, welcher der für das Schiff gewählte zylindrische Koeffizient zugrunde liegt.

7. Einzeichnen der Spanten in die Risse.

Umriß der Spanten: Dieser, und zwar Längsachse, Seitenhöhe, halbe Breite in der *KWL*, Sprunghöhen, Breite und Tiefe des Hecks wird zunächst eingezeichnet.

Hauptspant: Der $\circledast$ muß so gezogen werden, daß er die wie oben bestimmte Fläche hat. Dies geschieht am raschesten in folgender Weise: Angenommen z. B., der $C_{\circledast}$ wäre 0,714; dann ziehe man zunächst eine

---

[1] Unter »Endspanten« versteht man alle Spanten vor und hinter dem parallelen Mittelschiff.

Gerade als »Aufkimmung« derart, daß man den Schnittpunkt der Längsachse mit der Basis verbindet mit dem Punkte K in der bereits gezogenen äußeren vertikalen Begrenzungslinie des ⊗. Den Punkt K erhält man dadurch, daß man auf der genannten Begrenzungslinie von der KWL nach abwärts den Wert des $C\otimes$ (also in unserem Beispiele 0,714) aufträgt, die Differenz auf 1,000 (also in unserem Falle 0,286) von dem erhaltenen Punkte in entgegengesetztem Sinne nochmals aufträgt. Der so erhaltene Schnittpunkt ist der gesuchte Punkt K (siehe Fig. 3).

Dadurch ist der Hauptspant durch gerade L'n'en begrenzt. Nun ziehe man den tatsächlichen Spant flächengleich mit dem geradlinigen. Dies geschieht dadurch, daß die wegfallenden Teile über der Trennungslinie flächengleich den darunter befindlichen hinzugefügten Teilen gemacht werden.

Endspanten: Diese werden dadurch bestimmt, daß man ihnen die aus Tabelle II ermittelten Flächeninhalte gibt, wobei bemerkt wird, daß sich die in Tabelle II ausgewiesenen Werte auf den tatsächlichen $C\otimes$ beziehen.

Das Einzeichnen geschieht am raschesten in folgender Weise: Angenommen, das Schiff habe einen flachen Boden; derselbe sei // zur KWL, das ist e'ne Gerade von Seitenwand zu Seitenwand auf ebenem Kiel; ferner angenommen, daß die Seitenwände vertikale Ebenen seien, jedoch nach vorne und rückwärts geschweift: Man zeichne den Spantenriß für ein derartiges Schiff, so daß die Begrenzungslinien der Spanten gerade Linien sind. Ihre halben Breiten können leicht durch Benutzung einer Dezimalskala ermittelt werden (siehe Fig. 1), da die in Tabelle II enthaltenen Spantflächenkoeffizienten nichts anderes als Breitenkoeffizienten sind, solange die Spantflächen Rechtecke sind. Irgend zwei // gerade Linien können in zehn gleiche Teile geteilt werden, durch einfaches Anlegen der Skala über diese unter einem schiefen Winkel, so daß der 0-Punkt der Skala an der einen, der Teilungspunkt 10 der Skala an der anderen Linie zu liegen kommt. Auf diese Weise ermittelt man zunächst die halbe Breite des ⊗ und gleicherweise verfahre man bei den Endspanten, unter Bedachtnahme darauf, daß in letzterem Falle die halbe Breite des ⊗ in zehn gleiche Teile geteilt wird. Der Spantenriß für das Schiff mit ebenem Boden ist somit fertig.

Nun ziehe man, ebenso wie dies unter »Hauptspant« beschrieben, die tatsächlichen, gekrümmten Endspanten, indem man ihnen denselben Flächeninhalt gibt, der den Endspanten beim Schiffe mit ebenem Boden entspricht. — Hat man den ⊗ ausgezogen, so dient dieser als Führung für die anliegenden Endspanten, welche natürlich die richtige Form annehmen und nur zu stetigen Kurven ausgefeilt werden müssen.

8. Auftriebszentrum.

a) Das Auftriebszentrum $\triangle \cdot \odot$ liegt im $\otimes$: Wenn das $\triangle \cdot \odot$ der Länge nach genau im $\otimes$ liegt, sind die zylindrischen Koeffizienten für Vorder- und Hinterschiff einander gleich.

b) Das $\triangle \cdot \odot$ liegt vor oder hinter dem $\otimes$: Wenn das $\triangle \cdot \odot$ vor $\otimes$ liegt, muß der C_z derart geändert werden, daß er vorne notwendigerweise größer als hinten ist, unter Beibehalt desselben Mittelwertes, als wenn das $\triangle \cdot \odot$ im $\otimes$ wäre. Der C_z für Vorder- und Hinterschiff wird durch Hinzufügen bzw. Abziehen des Summanden $\dfrac{x+c}{^1/_2\,L}$ abgeändert, wobei:

$x =$ Abstand des $\triangle \cdot \odot$ vom $\otimes$ in m,

$c =$ eine Konstante, welche der Länge des Schiffes direkt proportional, jedoch vom Abstande x unabhängig ist,

$L =$ Länge des Schiffes.

Der Wert für c ist gegeben durch:

$$
\begin{aligned}
c &= 0{,}1 \text{ für ein Schiff von } 30 \text{ m Länge} \\
&= 0{,}2 \;\text{»}\;\text{»}\;\text{»}\;\text{»}\; 60 \;\text{»}\;\text{»} \\
&= 0{,}3 \;\text{»}\;\text{»}\;\text{»}\;\text{»}\; 90 \;\text{»}\;\text{»} \\
&= 0{,}4 \;\text{»}\;\text{»}\;\text{»}\;\text{»}\; 120 \;\text{»}\;\text{»} \\
&= 0{,}5 \;\text{»}\;\text{»}\;\text{»}\;\text{»}\; 150 \;\text{»}\;\text{»}
\end{aligned}
$$

Beispiel: Die Länge sei 90 m, $x =$ Abstand des $\triangle \cdot \odot$ vor $\otimes = 0{,}90$ m, $C_z = 0{,}70$.

Dann ist die Abänderung für Vorder- und Hinterschiff:

$$
\frac{x+c}{^1/_2\,L} = \frac{0{,}9 + 0{,}3}{45} = 0{,}024,
$$

somit:

C_z für Vorderschiff: $0{,}70 + 0{,}024 = 0{,}724$,

C_z für Hinterschiff: $0{,}70 - 0{,}024 = 0{,}676$.

Anmerkung: Wenn das $\triangle \cdot \odot$ hinter $\otimes$ gelegen ist, wird in derselben Weise verfahren.

Tabelle II.
Tabellen der Endspanten-Koeffizienten.

C_z	Endspanten								
	1¼ oder 10¾	1½ oder 10½	1¾ oder 10¼	2 od. 10	2½ oder 9½	3 oder 9	3½ oder 8½	4 oder 8	5 oder 7
.560	.038	.082	.130	.182	.300	.436	.584	.728	.935
562	038	083	131	184	303	440	588	731	936
564	039	084	132	186	306	444	592	734	937
566	039	085	135	187·	309	448	596	738	938
568	040	085	135	189	312	452	600	741	939
570	040	086	136	191	315	456	604	744	940
572	040	086	138	193	318	460	608	747	941
574	041	087	139	195	321	463	611	750	942
576	041	088	141	197	324	467	615	753	944
578	042	089	142	199	327	470	618	756	945
580	042	090	144	201	330	474	622	759	945
582	042	091	145	203	333	478	626	762	947
584	043	092	147	205	336	482	629	765	948
586	043	093	148	208	340	485	633	768	949
588	044	094	150	210	343	489	638	771	950
590	044	095	151	212	346	493	640	774	951
592	044	096	152	214	349	497	644	777	952
594	045	097	154	216	352	501	648	780	953
596	045	097	155	218	355	504	652	782	954·
598	046	098	157	220	358	508	656	785	955
600	046	099	158	222	361	512	660	788	956
602	046	100	160	224	364	516	664	791	957
604	047	101	161	226	367	520	668	795	958
606	047	102	163	229	370	523	670	798	959
608	048	103	164	231	373	527	674	802	960
610	048	104	166	233	376	530	678	805	961
612	048	105	168	235	379	535	682	808	962
614	049	106	169	237	382	539	686	811	963
616	049	107	171	240	386	542	689	813	964
618	050	108	172	242·	389	546	693	816	965
620	050	109	174	244	392	550	697	819	966
622	051	110	176	246	396	554	701	822	967
624	051	111	177	249	400	558	705	825	968
626	052	112	179	251	402	562	707	828	969
628	052	113	180	254	407	566	712	831	970
630	053	114	182	256	410	570	715	834	971
632	054	115	184	258	414	574	719	837	972
634	054	116	186	260	418	578	723	840	973
636	055	118	187	263	420	582	726	843	973
638	055	119	189	265	425	586	730	846	974
640	056	120	191	267	428	590	734	849	975
642	056	121	193	270	432	594	738	852	976
644	057	122	195	272	436	598	742	854	976
646	057	124	196	275	438	600	744	857	977
648	058	125	198	277	443	605	749	859	977

	Endspanten								
C_a	1¹/₄ oder 10³/₄	1¹/₂ oder 10¹/₂	1³/₄ oder 10¹/₄	2 od. 10	2¹/₂ oder 9¹/₂	3 oder 9	3¹/₂ oder 8¹/₂	4 oder 8	5 oder 7
.650	.058	.126	.200	.280	.446	.608	.752	.862	.980
652	059	127	202	283	449	612	756	865	981
654	059	128	204	285	453	616	760	868	981
656	060	130	206	288	456	621	762	870	982
658	060	131	208	290	460	625	767	873	982
660	061	132	210	293	463	629	770	876	983
662	062	133	212	296	467	633	773	879	984
664	062	135	214	299	471	637	777	882	985
666	063	136	217	301	474	640	780	884	985
668	063	138	219	304	478	644	784	887	986
670	064	139	221	307	481	648	787	890	987
672	065	141	223	310	485	652	791	890	987
674	066	142	225	313	489	656	795	895	987
676	066	144	228	315	492	660	797	898	988
678	067	145	230	318	496	664	801	900	988
680	068	147	232	321	500	668	805	903	990
682	069	148	234	324	504	672	808	906	991
684	069	150	236	327	508	676	812	908	991
686	070	151	239	330	512	680	815	911	992
688	070	153	241	333	516	684	819	913	992
690	071	154	243	336	520	688	822	916	993
692	071	156	245	339	524	692	825	918	993
694	073	157	248	342	528	696	829	920	994
696	073	159	250	344	532	699	832	922	994
698	074	160	253	347	536	703	836	924	995
700	075	162	255	350	540	707	839	926	995
702	076	164	258	353	544	711	842	928	995
704	077	165	260	357	546	715	845	931	996
706	078	167	263	360	553	719	849	933	996
708	079	168	265	364	557	723	852	936	997
710	080	170	268	367	561	727	855	938	997
712	081	172	271	371	565	731	858	940	997
714	082	174	274	375	569	735	861	942	997
716	083	176	276	377	574	738	864	944	998
718	084	178	279	382	578	742	867	946	998
720	085	180	282	385	582	746	870	948	998
722	086	182	285	386	586	750	873	949	998
724	087	184	288	392	590	754	876	952	998
726	088	187	291	395	595	758	879	953	999
728	089	189	294	399	599	762	882	955	999
730	090	191	297	402	603	766	885	957	999
732	091	193	300	405	607	770	888	959	996
734	092	195	303	410	612	774	891	961	999
736	094	198	306	414	616	777	893	962	
738	095	200	309	418	621	781	896	964	
740	096	202	312	422	625	785	899	966	
742	097	204	315	426	630	789	902	967	
744	098	207	318	430	634	793	904	969	flächengleich dem (⊕)

	Endspanten								
C_z	1¼ oder 10¾	1½ oder 10½	1¾ oder 10¼	2 od. 10	2½ oder 9½	3 oder 9	3½ oder 8½	4 oder 8	5 oder 7
.746	.100	.209	.322	.434	.639	.797	.907	.970	
748	101	212	325	438	643	801	909	972	
750	102	214	328	442	648	805	912	973	
752	103	216	332	446	652	809	915	974	
754	104	219	336	450	657	813	918	976	
756	106	221	338	454	661	816	920	977	
758	107	224	343	458	666	820	923	979	
760	108	226	346	463	670	824	926	980	
762	109	229	350	466	675	828	928	981	
764	111	232	354	471	680	832	931	982	
766	112	234	356	475	684	836	933	984	
768	114	237	361	480	689	840	936	985	
770	115	239	364	484	694	844	938	986	
772	117	242	368	489	699	848	940	987	
774	118	245	372	493	704	852	943	988	
776	120	248	376	498	708	855	945	988	
778	121	251	380	502	713	859	948	989	
780	123	254	384	507	718	863	950	990	
782	124	257	388	512	723	867	952	991	
784	126	260	392	517	727	871	954	992	
786	127	263	397	522	732	874	956	992	
788	129	266	401	527	736	878	958	993	
790	130	269	405	532	741	882	960		
792	132	272	409	537	746	886	962		
794	134	276	414	542	751	890	964		flächengleich dem (⊕)
796	135	279	418	549	755	894	966		
798	137	283	423	553	760	897	968		
800	139	286	427	558	765	900	970		
802	141	289	432	563	770	904	972		
804	143	293	437	568	775	908	974		
806	144	296	442	574	780	912	975		
808	146	300	447	579	785	916	977		
810	148	303	452	584	790	920	979		
812	150	307	457	590	795	923	980		
814	152	311	462	595	800	927	982	flächengleich dem (⊕)	
816	155	316	467	601	·806	930	983		
818	157	320	472	606	811	934	985		
820	159	324	477	612	816	937	986		
822	161	328	482	618	821	940	987		
824	163	332	488	624	826	943	989		
826	166	336	493	630	830	947	990		
828	168	340	499	636	835	950	992		
830	170	344	504	642	840	953	993		
832	172	348	510	648	845	956	994		
834	175	353	516	654	850	958	995		
836	177	357	522	661	854	961	995		
838	180	362	528	667	859	963	996		
840	182	366	534	673	864	966	997		

C_z	1¾ oder 10¾	1½ oder 10½	1¼ oder 10¼	2 od. 10	2½ oder 9½	3 oder 9	3½ oder 8½	4 oder 8	5 oder 7
.842	.185	.371	.540	.680	.869	.968	.998		
844	188	376	547	686	873	970	998		
846	190	382	553	693	878	973	999		
848	193	387	560	699	882	975	999		
850	196	392	566	706	887	977	999		
852	199	398	573	713	891	979			
854	203	404	580	720	895	981			
856	206	410	585	726	900	982			
858	210	416	594	733	904	984			
860	213	422	600	740	908	986			
862	217	428	607	747	912	987			
864	221	435	615	754	916	988			
866	223	441	622	760	920	990			
868	228	448	630	767	924	991			
870	233	454	637	774	928	992			
872	236	461	645	781	932	993			
874	240	468	653	788	936	994			
876	245	475	662	795	940	995			
878	249	482	670	803	944	996		flächengleich dem (⊗)	flächengleich dem (⊗)	flächengleich dem (⊗)
880	254	489	678	810	948	997			
882	259	497	687	817	951	998			
884	263	505	696	824	955	998			
886	268	514	705	832	958	999	flächengleich dem (⊗)		
888	272	522	714	838	962	999			
890	277	530	723	846	965	999			
892	283	539	732	853	968				
894	289	548	741	860	971				
896	295	558	751	867	974				
898	301	567	760	874	977				
902	314	586	778	886	982				
904	321	597	788	894	984				
906	328	607	797	901	986	flächengleich dem (⊗)			
908	336	618	807	907	988				
910	342	628	816	914	990				
912	351	640	825	921	992				
914	360	652	834	928	993				
916	368	664	844	933	995				
918	377	676	853	941	996				
920	386	688	862	948	998				
922	397	701	870	953	998				
924	408	714	879	958	999				
926	420	726	887	962	999				
928	431	739	896	967	999				
930	442	752	904	972					
932	456	765	911	975	flächengleich d. (⊗)				
934	469	778	919	978					
936	483	792	926	982					
938	496	805	933	985					

C_z	Endspanten								
	1¼ oder 10¾	1½ oder 10½	1¾ oder 10¼	2 od. 10	2½ oder 9½	3 oder 9	3½ oder 8½	4 oder 8	5 oder 7
.940	.510	.819	.904	.988					
942	531	831	946	990					
944	551	845	953	992	flächengleich dem (⊗)				
946	572	858	959	993					
948	592	872	966	995					
950	613	885	972	997					

Tabelle III.
Decklinienordinaten.

Spant	Ozean-dampfer	Fracht-dampfer	Dampf-yachten	Segel-schiffe	Motor-boote	Fluß-dampfer	Fluß-schlepps
0	0,630	0,444	0,756	0,603	0,603	0,756	0,661
½	0,714	0,757	0,812	0,730	0,691	0,829	0,894
1	0,786	0,889	0,854	0,810	0,772	0,872	0,966
2	0,882	0,990	0,918	0,910	0,875	0,934	0,995
3	0,946	1,000	0,951	0,967	0,955	0,977	1,000
4	0,985	1,000	0,988	0,979	0,995	0,994	1,000
5 = ⊗	1,000	1,000	1,000	1,000	1,000	1,000	1,000
6	0,989	1,000	0,991	0,979	0,978	0,994	1,000
7	0,934	1,000	0,965	0,960	0,930	0,965	1,000
8	0,820	0,985	0,891	0,910	0,803	0,877	0,962
9	0,594	0,856	0,727	0,740	0,532	0,619	0,705
9 ½	0,358	0,572	0,576	0,515	0,298	0,366	0,422
10	Steven	Steven	0,355	Steven	Steven	Steven	Steven

Tabelle IV.
Sprunghöhen.[1]

Spant	Ozean-dampfer	Fracht-dampfer	Dampf-yachten	Segel-schiffe	Motor-boote	Fluß-dampfer	Fluß-schlepps
0	0,600	0,634	0,600	0,600	0,637	0,600	0,567
½	0,500	0,518	0,470	0,395	0,490	0,320	0,278
1	0,388	0,412	0,362	0,267	0,375	0,195	0,127
2	0,205	0,238	0,200	0,112	0,200	0,062	0,016
3	0,095	0,111	0,092	0,043	0,088	0,020	0,000
4	0,028	0,032	0,022	0,012	0,020	0,005	0,000
5 = ⊗	0,000	0,000	0,000	0,000	0,000	0,000	0,000
6	0,048	0,050	0,037	0,040	0,042	0,008	0,000
7	0,154	0,175	0,163	0,158	0,170	0,045	0,000
8	0,348	0,375	0,368	0,357	0,365	0,130	0,060
9	0,638	0,655	0,658	0,632	0,640	0,394	0,375
9 ½	0,805	0,825	0,820	0,800	0,810	0,640	0,671
10	1,000	1,000	1,000	1,000	1,000	1,000	1,000

[1] $s_V = \dfrac{L \text{ in } m}{100}$ (Sprung vorne in $m = 1$, im ⊗ $= 0,0$ gesetzt!)

$$s_h = \frac{2}{3} \cdot s_V.$$

Abkürzungen.

Gegenstand	Bezeich-nung	Gegenstand	Bezeich-nung
Auftriebszentrum (Deplacement — $\odot$)	$\triangle \cdot \odot$	Länge des parallelen Mittelschiffes	L_m
Abstand des WL-$\odot$ vom $\otimes$	a	Längenmetazentrum	M_l
Benetzte Oberfläche	Ω	Längenträgheitsmoment	J_l
Benetzter Umfang	U	» bezogen auf $\frac{L}{2}$	$J_\odot$
Blockkoeffizient	C_s		
Breite des Schiffes im $\otimes$	B	Leerwasserlinie	LWL
Breitenmetazentrum	M_b	Mittelschiff, Länge des	L_m
Breitenträgheitsmoment	J_b	Metazentrum, Breiten-	M_b
Breite als Index	b	» Höhen-	M_l
Deplacement (Verdrängung, Volumen)	$\triangle$	Metazentrische Breite	$\overline{M_b G}$
Deplacementschwerpunkt	$\triangle \cdot \odot$	» Höhe	$\overline{M_l G}$
Entfernung zweier Punkte	über den Buchstaben	Maschinenleistung in indiz. PS	IPS
Einheitstrimmoment	ETM	Oberfläche des Schiffes	O
Fläche, durch Klammerausdruck näher bezeichnet	$(\ )$	Sprung	s
» des Hauptspantes	$(\otimes)$	» vorne	s_v
» der Konstruktions-WL	(KWL)	Sprung hinten	s_h
Freibord	F_b	Schwerpunkt (durch einen vorgesetzten Buchstaben näher bezeichnet)	$\odot$
Geschwindigkeit in Kn/St.	v		
Gewicht	G	Seitenhöhe des Schiffes auf $\frac{L}{2}$	D
Gewichtsschwerpunkt	$G \cdot \odot$	Summe	Σ
Halbe Differenz der Völligkeitsgrade	α	Tauchung (Tauchtiefe)	d
Hauptspant	$\otimes$	Tauchungsunterschied	u
Hauptspantfläche	$(\otimes)$	Trimmomente	TM
Hauptspantkoeffizient	$C_\otimes$	» Einheits-	ETM
Höhe des Schiffes in $\frac{L}{2}$	D	» für 1 m Gesamttauchungsänderung	M_1
Hinterperpendikel	HP	Volumen (Verdrängung, Deplacement)	$\triangle$
Hinterschiff	h als Index	Vorderperpendikel	VP
» Länge des	L_h	Vorderschiff	v als Index
Koeffizient	C	» Länge des	L_v
» Hauptspant-	$C_\otimes$	Völligkeitsgrad der Spantfl.-Skala	C_s
» Block-	C_s	Völligkeitsgrad der Schwimmfl.-Skala	C_s'
» Konstr. Wasserlinien-	C_{KWL}		C_{KWL}
» zylindrischer	C_s	Verdrängung (Deplacement, Volumen)	$\triangle$
Konstruktionswasserlinie	KWL	Wasserlinie	WL
» Fläche der	(KWL)	Wellenpferdestärken	WPS
» -Koeffizient	C_{KWL}	Zylindrischer Koeffizient	C_s
Kieloberkante	KOK		
Länge des Schiffes in der KWL	L		
Länge als Index	l		

Tabellen zur Konstruktion von Linienrissen.

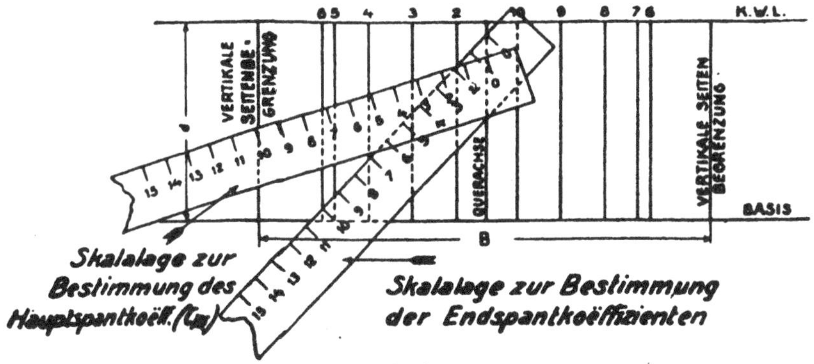

Fig. 1.

Bestimmung der Spantrisse mittels Dezimalskalen für das Schiff mit ebenem Boden.

Die im Beispiele (siehe S. 7) gewählten Koeffizienten sind $C_\oplus = 0,714$
$$C_s = 0,560.$$

Aus Tabelle II: Endspantkoeffizient für Spantort 2 oder $10 = 0,182$
3 » $9 = 0,436$
4 » $8 = 0,728$
5 » $7 = 0,935.$

Anmerkung. Die Skala wird in den meisten Fällen so bestimmt, daß man die Schiffsbreite in 10 gleiche Teile unterteilt.

16

Konstruktion der Decklinie

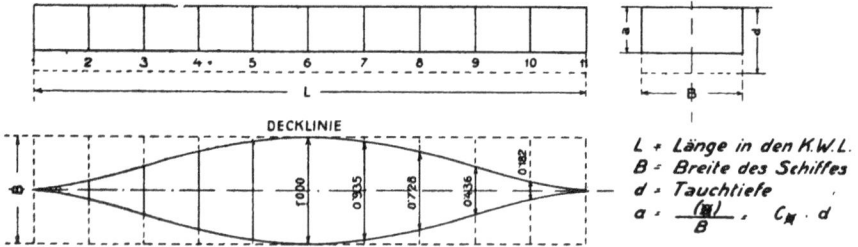

DECKLINIE

L = Länge in den K.W.L.
B = Breite des Schiffes
d = Tauchtiefe
$a = \dfrac{(\blacksquare)}{B}$, $C_M \cdot d$

Fig. 2.

ANMERKUNG: Die Ordinaten der Decklinie an den einzelnen Spantorten sind der Tabelle III entnommen.

Flächenverwandlung der Spanten.

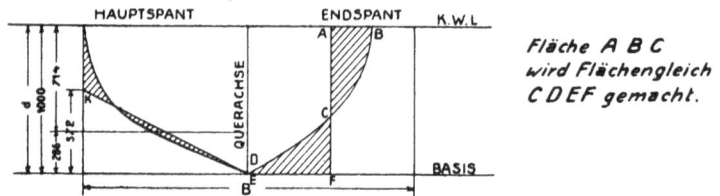

HAUPTSPANT   ENDSPANT   K.W.L

QUERACHSE

BASIS

Fläche A B C
wird Flächengleich
C D E F gemacht.

Fig. 3.

Entwurf

Schiffsdaten:

Länge in der *KWL* . . . . 31,75 m
Länge für die Verdrängung . 30,50 m
Breite . . . . 4,60 m
Tauchtiefe . . . . 1,80 m
Deplacement . . . . 102 t
Auftriebszentrum vor HP . 15,875 m
   (in diesem Falle Spantort 6).

Sprung, Öffnungen usw. sind bereits fest-
gesetzt durch die Tabellenwerte der Tab. IV.

Aufgabe:

Zeichnung sämtlicher Risse, unter Voraus-
setzung, daß $\triangle = 102$ t und sich $\triangle \cdot \odot$ im
Spantort 6 befindet.

1. $C_B = \dfrac{\triangle}{L \cdot B \cdot d} = \dfrac{102}{30,5 \cdot 4,6 \cdot 1,8} = \mathbf{0{,}40.}$

2. $C_\otimes = \dfrac{0,4}{0,56} = \mathbf{0{,}714.}$

3. $C_z = \mathbf{0{,}56}$ (siehe Fig. 2).

4. Endspantenkoeffizient (aus

1 0,000	5 0,935
2 0,182	6 1,000
3 0,436	7 0,935
4 0,728	8 0,728

5. Spantriß.

Angenommen: Schiff mit ebenem Boden. M
auf S. 7 beschrieben (siehe Fig. 1 u. 3). Die ei
werden in einem Spantriß eingetragen (Fig. 6) und

6. Hauptspantkurv

Diese wird auf der einen Seite wie beschriebe
die andere Seite übertragen.

7. Vorderschiff-Endspa

a) Man zeichne 10 Endspanten (siehe Fig. 1) vo
   dungen durch ihren Flächeninhalt (Tab. II).
b) Man ziehe die *KWL* im W.L.-Plan unter Bei
   10 Spantorten, möglichst der Skizze angepaßt,
   er hiervon abweicht, jedoch unter Beibehaltun
c) Man übertrage die Breiten in der *KWL* in de

Fig. 4.

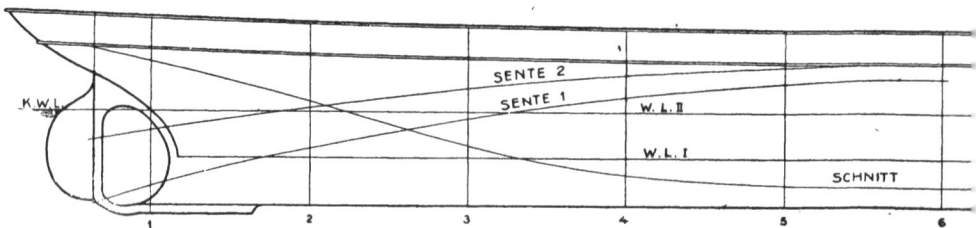

SCHNITTE und S

SENTE 2
SENTE 1
W. L. II
W. L. I
SCHNITT

WASSERLINIE

Fig. 5.

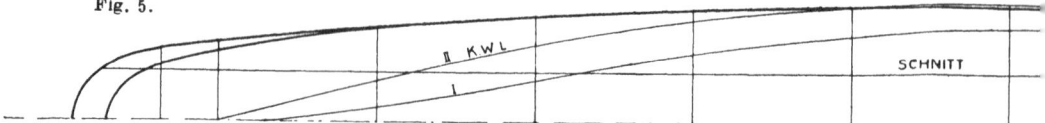

SCHNITT

. 0,436
. 0,182
. 0,000

Spantriß, wie
en Endspanten
s bezeichnet.

Fig. 3) und auf

Form und be-

Breiten in den
Spantriß, wenn
cheninhaltes.

d) Man ziehe die Endspanten 7, 8 und 9 (siehe Fig. 1) unter Beibehaltung der Breiten in der *KWL*.
e) Man ziehe eine Hilfswasserlinie, welche den Kimm schneidet und übertrage diese in den W.L.-Plan. Wenn keine Differenz vorhanden ist, so ist der Spantriß in Ordnung.

Das Vorderschiff ist somit fertig, es erübrigt nur noch, hierin die Schnitte, Senten und Wasserlinien einzutragen.

8. Hinterschiff-Endspanten.

a) Man ziehe die Schanzkleid- und Geländerlinien im W.L.-Plan und übertrage ihre Breite in den Spantriß, wodurch man die oberen Endpunkte der Spantkurven erhalt.
b) Man zeichne den Heckspant 1. Dieser dient als Führung für die benachbarten Spanten.
c) Man zeichne Spant 2, 3, 4 und 5 (siehe Fig. 1 u. 3).
d) Man trage die Ordinaten der *KWL* im W.L.-Plan auf, ändere danach den Spantriß, wenn er differiert, unter Beibehaltung desselben Flächeninhaltes.
e) Man ziehe eine Sente vom Heckfuß bis zur Aufkimmung, übertrage diese in den Schnittplan (Fig. 6, Sente S_1).
f) Man ziehe einen Schnitt ungefähr in der Hälfte der Breite.
g) Man ziehe eine Sente zu den oberen Spantenden (Fig. 6, Sente S_2). Das Hinterschiff ist somit fertig; es ist nur nötig, die Kurve schließlich stetig zu machen.

SPANTEN

Fig. 6.

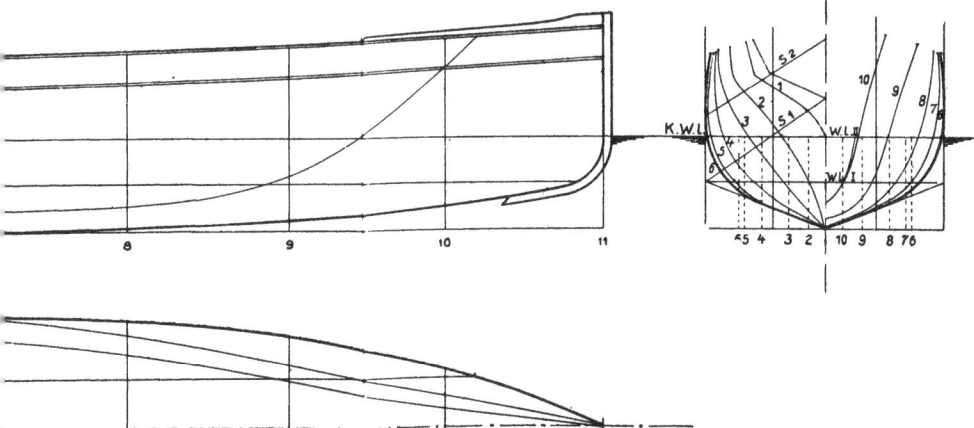

Sachverzeichnis.

18

www.ingramcontent.com/pod-product-compliance
Lightning Source LLC
Chambersburg PA
CBHW081247190326
41458CB00016B/5951